认识我们身边与远方的动物

中国科学院动物研究所研究员　蒋志刚

地球上先出现了生物大分子，然后才出现了微生物、植物和动物。自到 6000 万年前，地球上才出现了哺乳动物。人类是地球生物中的后来者，直到五六百万年前，才出现了猿人。人类脱胎于野生哺乳动物，具有与野生哺乳动物相似的基因组成和生理特征。甚至，动物学家们还将人作为动物界的一员。然而，人类已经成为地球生物圈中数量最多的一个优势哺乳动物，成为地球生物世界的主宰。现在的人类不但决定人类自身的命运，也决定地球上其他生物的命运。

地球上有一个生机勃勃、万物昌盛的生物世界。绿色植物固定太阳能，形成生物质，植食动物像羚羊、斑马靠采食植物为生，肉食动物像狮子、猎豹又靠捕食羚羊、斑马为生，腐食生物则摄食分解动物残体。自然界形成了一条条食物链，一条条食物链交织形成了一张张食物网。食物链中旧的生物质被分解，形成新的生物质，一种生物的生存是另一种生物生存的条件。经过 30 亿年的进化，地球生物已经形成相互依存、相互制约的生态关系。野生动物曾是早期人类的衣食之本，直到今天，动物仍是人类的衣食之本。

人类社会形成后，人类改变了世界，使地球更适应人类居住。为了遮风挡雨，人类修建了房屋；为了交通便利，人类修建了道路；为了获得稳定的食物来源，人类驯化选育野生植物，培育出水稻、小麦、谷子（小米）、大豆等作物，驯化了鸡、鸭、鹅、猪、牛、羊等家畜家禽，还驯化了狗和猫。人类不仅改变了地球表面，也改变了动物。人类改变地球环境的能力还在高速发展。

许多野生动物由于人类的猎杀、捕捞而濒临灭绝；虎、豹等食肉动物则由于食物链断裂而濒临灭绝。更多的野生动物由于人类开垦农田、砍伐森林、建设房屋而失去了栖息地，草原上放牧的牛羊则挤走了原来草原上的野羊、野牛和野驴。现在人类终于意识到地球上不能只有人类。于是，我们开始保护濒危动物和濒危植物，培养新的家畜家禽、新的伴侣动物，发展动物生产，保

存人类的生存之本。每一位小朋友有责任认识地球上的动物，了解我们身边、屋顶、庭院、公园、郊外、农村与远方的动物。

本套丛书有《城市里的动物》《森林里的动物》等分册，以绚丽多彩的画面展示地球上不同生境中的动物，有极地、寒带、荒漠、温带、热带、森林、草原、城市、村落、河流、房屋中的动物。小朋友每翻开一页，就如同打开了一扇未知世界之门，立即会被画面吸引，目不转睛。本套丛书的每一页画面上布满了各种动物，每一页的文字说明让小朋友通过认字，认识各种动物，通过数画中的动物学习计数。这既是一场智力游戏，也是一场眼力的考验。小朋友可以利用零星的时间阅读这套丛书，可以从这套丛书的任何一册看起，可以从头读到尾，识字，认识动物，学习计数，做智力游戏。也可以从其中一本书的任何一页开始阅读，并不影响理解和学习，也不影响理解和记忆。

小朋友在书中会发现许多认识的和不认识的动物，会发现许多身边或远方的动物，会发现许多见过的或没见过的动物。更令小朋友欢欣鼓舞的是，每一页画面都以小朋友喜闻乐见的形式，展示了小朋友在日常生活中见不到的动物大乐园、动物大聚会、动物嘉年华。这套丛书的动物形象准确，动态活泼，色彩逼真；作者独具匠心，精心设计了一套开卷有益、受益终生的佳作。我相信每一位小朋友一旦打开这套丛书的任何一册，就会爱不释手，非得一睹为快不可。相信这套丛书将会给每一位小朋友留下终身难忘的记忆。

U0251739

Los animals de la granja

©Susaeta Publishing, Inc.

著作权合同登记号 06-2017-133

本书由 Susaeta 出版公司授权辽宁科学技术出版社在中国出版中文简体字版本。

图书在版编目（CIP）数据

农场里的动物 /（西）阿兰东多编绘；杨慧译 . — 沈阳：辽宁科学技术出版社，2017.9

（动物捉迷藏）

ISBN 978-7-5591-0340-6

Ⅰ . ①农… Ⅱ . ①阿… ②杨… Ⅲ . ①动物—儿童读物 Ⅳ . ① Q95-49

中国版本图书馆 CIP 数据核字 (2017) 第 165388 号

出版发行：辽宁科学技术出版社

（地址：沈阳市和平区十一纬路 25 号 邮编：110003）

印 刷 者：辽宁北方彩色期刊印务有限公司

经 销 者：各地新华书店

幅面尺寸：230mm×280mm

印　张：4

字　数：51 千字

出版时间：2017 年 9 月第 1 版

印刷时间：2017 年 9 月第 1 次印刷

责任编辑：赵　博

封面设计：白　冰

版式设计：方舟文化

责任校对：栗　勇

书　号：ISBN 978-7-5591-0340-6

定　价：16.00 元

编辑电话：024-23280036

E-mail:zhaoboln@163.com

邮购热线：024-23284502

http://www.lnkj.com.cn

（西）阿兰东多⊙**编绘** 杨 慧⊙**译**

动物捉迷藏

农场里的动物

辽宁科学技术出版社
·沈阳·

猪圈

　　猪圈就是猪的地盘。你可不要笑话猪哦：事实上，它可是农场的小主人呢！人们从它那里得到很多好处。就它本身来说，它什么都吃，从草到人类的剩饭剩菜。它的肉也很美味，粪便还是庄稼很好的肥料呢！

　　嘿！有一只动物不该在猪圈附近出现呀！看见它了吗？

猪正在专心致志地吃食，猪圈里什么都有，它很喜欢。请找出15头猪吧！

马安静地看着猪在吃食。你看到17匹马了吗？

母鸡混进了猪圈，找撒在地上的谷粒吃。这里有29只哟！

公鸡看护着母鸡和小鸡。小心啊，附近有猫！别太大意了。看到11只公鸡了吗？

小鸡们紧紧地跟随着母鸡。如果母鸡钻进猪圈，那它们肯定也跟着进去！图中有 46 只小鸡，你看见了吗？

猫抓老鼠。可它们要是发现小鸡，也会觉得很不错，立刻扑上去的。看到 11 只猫了吗？

羊圈

牧人养羊，有的是为了挤奶，但更多的是为了剪羊毛。夏天，羊毛被剪掉，可羊也不会觉得冷。羊喜欢群居，这样它们会觉得很安全，牧羊人也会在附近保护它们。

有一只来自非洲的动物闯了进来，它在这儿干什么呢？你看到它了吗？

狐狸注意着火鸡的一举一动，当火鸡一放松警惕，它就立刻扑上去。图中有5只狐狸，要小心哟！

雄火鸡生长得很快，它是圣诞节的美食。你看到10只了吗？

牧羊犬在羊圈里或羊圈外看守着羊群。它发现附近有狐狸：要小心呀！快找出7只牧羊犬吧！

兔子很喜欢吃草，别让羊圈后面草地上的兔子跑掉了！找出8只兔子吧！

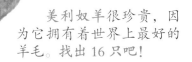

牛是重要的家禽之
一。图里有 25 头哦，快
找出它们吧！

美利奴羊很珍贵，因
为它拥有着世界上最好的
羊毛。找出 16 只吧！

牛栏

牛栏是牛的栖居地。它们在那儿进食、挤奶、洗澡。它们排出的粪便也是庄稼最好的肥料：这些肥料，没有一个好农民会浪费的。

有一只非常奇怪的动物，它不应该生活在这里。你看到它了吗？

弗里斯兰奶牛是界上很有名的奶牛。到 15 头了吗？

放羊不是件容易的事，因为它们总是到处乱跑。找出 10 只吧！

燕子在房檐下建造巢穴。看到 13 只燕子了吗？

公鸡观察着圈里的一切。这里有 9 只公鸡哦！快找出它们吧！

你看到母鸡在啄地上的种子了吗？找出 14 只母鸡吧！

用黑脚猪做成的火腿很美味。这里有 15 头呢！

池塘

水车在不停地转动，水缓缓地流入池塘内。这样的风景能给人带来美好的心情。这里也是鸭子、天鹅和其他动物寻找食物的好地方——它们出现在河岸旁的树林间或者水面上。在图里找出这些动物吧：有一些很好找，但另一些……

看呀，怎么来了一只非洲动物呀？

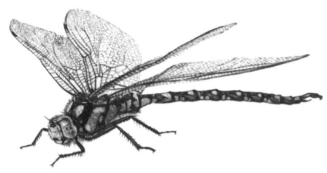

蜻蜓在飞行中捕捉昆虫，它们喜欢生活在河边和池塘边。试着找出 7 只吧！

不要被天鹅美丽的外表欺骗了：它扇起翅膀来可是很有力量的啊！你看到 11 只天鹅了吗？

青蛙生活的地方不会离水源太远，因为它必须在水里产卵。你找到 9 只了吗？

蜗牛在潮湿的地方才把头伸到壳外。雨过天晴后，你能在田野里看到数百只蜗牛。这里还有 14 只呢！

乌龟长大后就不太害怕其他动物了。你瞧，哪有什么东西能对付得了它这坚硬的外壳呀！看到5只乌龟了吗？

鸭子把头钻进水里寻找食物。图中有28只鸭子哟！

牧草丰盛的地方

在农场附近的山上，有丰盛的牧草。夏天，牧人带着他的动物们到那里吃草，但牧人的动物们也必须和其他生活在山上的野生动物一起分享这些。你看到它们了吗？

图中怎么又出现了一只非洲动物？

奶牛占领了最的草地，一定要抓时机多呼吸新鲜的气呀！看到23头奶了吗？

在夏天，哪里草多，马就会去那里吃草。它们又强壮又肥大，人们饲养它们，用来拉车。找出15匹马吧！

喜鹊正在找地方建巢穴，这可不容易呀：因为草地上树木太少。你看到23只喜鹊了吗？

岩羚羊抬起前蹄正要跳过岩石。这里有10只哟！

10

家养山羊很喜欢停留在山上，因为它们的祖先以前就居住在那里。找出13只吧!

绵羊极力地忍受着身上厚厚的毛所带来的酷热感。但幸运的是，羊毛很快就会被剪掉了。你看到14只绵羊了吗?

田野

庄稼被收割之后，田地里就空荡荡了，但仍有一些杂草。有时牧人会带着牲畜到那里吃草和田地上的庄稼茬子。还有些野生动物也趁机在这里大吃特吃了起来。

哎呀！有个小家伙不属于这里，它伪装得很好哟！

知更鸟是一种几乎不害怕人类的鸟。你找到 7 只知更鸟了吗？

山羊很爱吃杂草。有 15 只山羊，快找找看吧！

乌鸦有着很独特的黑色羽毛，它很好地适应了人类改造过的环境。这里有 17 只哟！

兔子用丰富的食物来喂饱它的后代。看到 11 只了吗？

12

石鸡住在鸡圈里，它必须冒着危险进入田地寻找食物。看到 8 只了吗？

绵羊占领了收割后的田野，它们的排泄物是很好的肥料哦。看到 16 只绵羊了吗？

13

农场附近

在房子周围的土地，人们时常用栅栏阻挡森林里的动物。森林动物很喜欢捕食农场里没有任何防御能力的动物，尽管鹅和狗在看家，但某个"入侵者"还是成功地闯入了院子里。

当然了，没人敢对抗这个"入侵者"：它的个头太大了。看到它了吗？

母鸡是令所有动物垂涎的猎物：它太美味，也太容易被捕获了。快找出 25 只鸡呀！

猫头鹰敏锐的听觉使它能在黑暗中辨别出任何的障碍物。快找出 3 只猫头鹰吧！

狐狸是很聪明的猎手，栅栏往往是拦不住它的。看到 10 只狐狸了吗？

鹅是看家好手，但有时它也看不住家啊！看到 23 只鹅了吗？

这是雕。在鸟类中，它是夜间狩猎之王，有很好的视力。你看到3只雕了吗？

从一棵树上跳到另一棵树上，猫能很容易地进入农场。你看到11只了吗？

鼬能在地上爬行，也能从任何的洞中逃脱。看到7只鼬了吗？

15

牧场

房子附近的牧场需要特别小心照料：那里有牲畜最喜欢的干草，只有农场动物才能吃这些干草。栅栏是用来保护它们免受入侵动物伤害的。

然而，这里有 3 只非洲动物混进来了！

马悠闲自在地吃着青草，这里有足够的空间让它们奔跑。这里有 11 匹骏马哦！

看守这么多动物的牧羊犬太少了。只有 5 只，你看到它们了吗？

乌鸦不害怕距离人类太近，因此这附近有很多乌鸦！看到 6 只了吗？

绵羊在剪毛前要忍受最后几小时的炎热。找出 15 只绵羊吧！

牧人挑选最好的草给奶牛吃。看到 12 头奶牛了吗?

山羊看起来很想跳出栅栏逃走，它很想自由地生长。找出 11 只山羊吧!

鸡舍

两种最受欢迎的农产品是鸡蛋和鸡肉，这都出自鸡舍。鸡舍能很好地保护鸡免受狐狸和其他兽类的伤害：母鸡可是它们的美味佳肴啊！

有一只动物不应该在这里。看到它了吗？

夜莺的歌声美丽动听。看到 5 只了吗？

在马厩的不远处，马在草场上跑来跑去。找出 9 匹马吧！

公鸡炫耀着它美丽的尾巴和鸡冠，保护着它的小鸡和母鸡们。这里有 5 只哟！

母鸡正在啄食地上的谷粒，这里有非常非常多的母鸡：55 只！快找出它们吧！

18

有些鸽子藏在鸡窝的角落里躲避危险。一共有7只，找出它们吧！

小鸡远离母鸡到处乱跑，这样很危险。找出11只小鸡吧！

马厩

马厩是马生活的地方，也是存放马具的地方：比如缰绳、马鞍。这里是农场最美丽的地方之一。铁匠正在马厩里保养马蹄铁，农场的工人正在给它们准备干草。

猫是不可能在这里找到食物的，但谁又知道呢？你看，跑来了10只猫！

看呀，这里还有3只来自远方的动物！

不是所有的马的颜色都一样，这里有17匹栗色的和11匹白色的。你看到了吗？

这些母鸡好像是从畜栏里逃出来的。一共有12只哦！

鸽子在马厩的棚顶上盘旋。看到13只鸽子了吗？

鹅在院子里到处闲逛，它们正在看家呢！看到10只了吗？

21

家门口

动物们在家门口表现得都很自信。那里没有什么危险：每个动物的窝都在附近，而且农场工人也在那里保护它们呢。此外，家门口还是它们聚会的好地方。

有 2 个"入侵者"：它们不应该在这里，快找出它们吧！

这些鸭子是不是迷路了？毫无疑问，它们在找池塘。你看到 14 只了吗？

马驹几乎不能奔跑，但是它们已经来到农场的草地里自由自在地吃草去了。找出 8 匹马驹吧！

驴要比许多人想象中的更聪明，它是农场里用处较大的动物之一：它能拉犁、拉磨、拉运输板车，等等。这里有 13 头哟！

公鸡是农场里的"小闹钟"，这里有 7 只哟！

小鸡一脱离母鸡的视线，就想逃出栅栏。有 17 只小鸡。看到了吗？

火鸡对饲料比较挑剔，它们需要精心照料，火鸡肉很美味哦！找出 5 只火鸡吧！

每年冬天来临前，燕子都要从北方飞往温暖的南方。你看到 13 只燕子了吗？

23

集市

在集市上，你能看到许多农场动物：你通常可以在村镇的集市上看到，村里的农民赶集买下他们需要的动物并卖出他们多余的动物。很明显，没有农民愿意出售自家品种优良的奶牛。

有2只动物不可能在这样的集市上被买卖，你能找出它们吗？

天鹅是外表美丽的动物，它喜欢停留在池塘附近。看到5只天鹅了吗？

农民每年都买母鸡：它们可以下新鲜的蛋，也可以成为美味的菜肴。这里有14只哟！

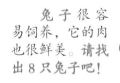

兔子很容易饲养，它的肉也很鲜美。请找出8只兔子吧！

某个牧羊人要买绵羊壮大他的羊群。这市场上共有11只！

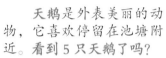

猪通常能生出很多小猪，所以你可以在猪圈里看到很多小猪。找出25头猪吧！

一匹好马是非常非常贵的，但是聪明的买主总能买到便宜的好马。看到 10 匹了吗？

只有一个农民敢买山羊，因为他知道要让山羊离果园远一点。看到 15 只山羊了吗？

品种优良的牛十分抢手，但集市上却不多见。还好，这里有 7 头！

一套识遍全世界动物的科普书!

科学性!

娱乐性!

趣味性!

一套锻炼儿童观察力,培养儿童耐心的益智游戏书。